星空教室

The World's Most Wonderful Classroom of Starry Night Skies

日本多摩六都科学馆 监修 李家祺 译

U0175475

南海出版公司

2020 · 海口

Stora sjöfallet国家公园（瑞典）

前言

想看到，银河与极光的瑰丽；想知道，月亮与星座的奥秘。

"我对星座一窍不通，只听说过猎户座。"
"关于夜空、星星的知识感觉很复杂。"

没关系，
本书配上美丽的夜空照片，
用简洁易懂的语言讲述夜空与星星的神奇。

周参见（日本和歌山县）

"银河只能在夏天看到吗？"

"星星到底是什么？"

璀璨夜空中隐藏着无数奥秘，

一旦有所了解，便会无比期待夜晚的降临。

翻开本书，

踏上神奇的夜空之旅吧。

Contents 目录

2　前言

6　哪里的夜空最好看?

10　我们常说的"银河"到底是什么?

14　只有夏天才能看到银河吗?

18　为什么会产生极光?

22　极光是不是有很多不同的形状?

26　能同时看到极光和银河吗?

30　星星到底是什么?

34　"恒星"到底是什么?

38　"行星"是什么?

42　什么是"彗星"?

46　彗星的名字是怎么来的?

50　流星和彗星一样吗?

54　流星和流星雨有什么不一样?

58　星星最后会变成什么?

62　观赏星空的好去处 1

64　银河系和太阳系有什么区别?

68　为什么星星会一闪一闪亮晶晶?

72　所有的星座中最亮的星星是哪一颗?

76　为什么星星的颜色略有不同?

80　太阳落山时会变红,为什么星星不会?

84　离我们越远的星星看起来越暗吗?

唐松岳顶上山庄（日本长野县）

88　为什么在不同的季节，我们看到的星星
　　不一样？

92　北极星总是位于正北方吗？

96　为什么在不同国家看到的星星不一样？

100　观赏星空的好去处 2

102　月球是怎么产生的？

106　为什么月亮的形状会发生变化？

110　除了月食，月亮还有其他奇特现象吗？

114　每个国家都有关于月兔的传说吗？

118　月球和地球之间会产生相互作用吗？

122　观赏星空的好去处 3、4、5

124　星座在世界上是统一的吗？

128　春天的夜空中有哪些看点？

132　夏天的夜空中有哪些看点？

136　秋天的夜空中有哪些看点？

140　冬天的夜空中有哪些看点？

144　有没有可以讲给朋友们听的关于猎户座
　　的传说？

148　观赏星空的好去处 6

152　2016 年～2020 年间的主要天文现象、著
　　名流星雨

154　中国观星好去处推荐

Q

哪里的夜空最好看？

特卡波湖（新西兰）

A

新西兰特卡波的星空十分美丽。

目前正在申请成为全球首个世界星空自然保护区。
（严格来讲，我们很难断言哪里最美。）

传说，在新西兰的南岛上，有一个会下"星星雨"的村庄。

新西兰的特卡波距离中国上海大约9000千米，目前正在申请成为全球首个世界星空自然保护区。

① 特卡波是什么地方？

A 它是个人口仅有约400人的小村子。

特卡波位于新西兰的南岛，是个有着湖光山色的美丽村庄。其中心处的海拔约为710米。据说，"特卡波"在当地土著人所使用的毛利语中是"夜晚的被窝"之意。

中国
澳大利亚   特卡波
新西兰

位于特卡波村的特卡波湖

② 为什么特卡波的夜空那么好看？

A 因为那里晚上灯光很少，天空澄澈。

特卡波晴天的比例在整个新西兰是数一数二的。空气干燥而澄澈，附近没有来自大城市的"光污染"，因此是仰望星空的绝佳场所。不用登上几千米高的山顶，便"手可摘星辰"，这在全世界也是少有的。

此外，村民会给路灯装上灯罩，或是使用亮度较低的灯，为守护这片星空做出了诸多努力。新西兰政府已向联合国教科文组织提出申请，希望将特卡波设为全球首个世界星空自然保护区。

③ 特卡波的夜空到底有多美？

A 在那儿能看到的星星大概有日本东京新宿上空的一百倍之多。

日本新宿的街上灯火通明，高楼林立，遮蔽了视线，能看到的星星屈指可数。而在特卡波，晴天的时候大概能看到三千颗星星。世界上最南端的天文台——约翰山天文台坐落于此，我们可以在这座天文台上用天文望远镜饱览灿烂的星汉。

特卡波湖西侧的约翰山天文台

特别协助：Earth & Sky Ltd.

位于特卡波湖畔的好牧羊人教堂。这里也是一处热门景点，教堂里还可以举行婚礼。

运气好的时候还能看到极光

Q 什么时候去特卡波玩最合适？

A 6月至8月是观星的最佳季节。11月下旬至12月下旬则是观赏羽扇豆的最佳时期。

7月份的特卡波上空星汉灿烂。由于位于南半球，因此能看到很多类似南十字星、大小麦哲伦云等在北半球看不到的景观。此外，连绵成海的羽扇豆（鲁冰花）也是不可错过的梦幻般的美景。

☆路线
上海浦东国际机场→新西兰奥克兰机场（国际线，约12小时）→克赖斯特彻（国内线，约2小时）→特卡波（驾车或坐公交，约3.5小时）

特卡波湖畔盛开的羽扇豆

Q

我们常说的"银河"
到底是什么？

野边山高原（日本长野县）

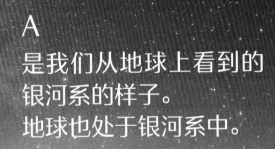

A
是我们从地球上看到的
银河系的样子。
地球也处于银河系中。

地球和银河同处于银河系中。

繁星闪烁的银河其实是银河系中的天体。
地球也在银河系之中。

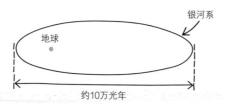

银河系

地球

约10万光年

银河系的形状像圆盘，直径约为10万光年。天文学家伽利略发现了银河的秘密——它其实就是聚集在一起的无数天体。

从地球上看到的"银河"的样子。

天狗岳（日本长野县）

银河系到底是什么？

银河系="银河"
所处的星系

A 就是我们所处的星系。

银河系呈圆盘状，从地球上肉眼能看到的绝大部分星星都是银河系中的天体。

 银河系和星系不一样吗？

A 银河系是众多星系中的一个。

银河系指的是我们所处的星系。星系是一个统称，指许多天体聚集在一起形成的运行系统。

③ 除了银河系，还有哪些比较有名的星系？

A 还有仙女星系、大麦哲伦云、小麦哲伦云等。

仙女星系 山顶左侧的光团就是仙女星系。

大麦哲伦云
小麦哲伦云

像云一样聚集在一起的星星就是大麦哲伦云（下）和小麦哲伦云（上）。

涸泽冰谷（日本长野县）

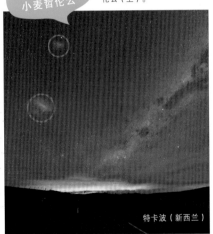

特卡波（新西兰）

科学界认为仙女星系有银河系的两倍大。有一种学说认为，数十亿年后，仙女星系和银河系会在引力的作用下碰撞。

在16世纪（地理大发现时期），葡萄牙探险家麦哲伦绕地球航行一周，将这两个星系记录了下来。它们只能在南半球看到，在亚洲看不到。之所以叫作"麦哲伦云"，是因为它们看起来像云彩一样若隐若现。

13

Q

只有夏天才能看到
银河吗？

A

冬天的夜空中也能看到。

呈左右向流动的是冬天的银河。

野边山高原（日本长野县）

一说到夏日的夜空就会想到银河，其实，冬天也能看见。

冬天的银河不像夏天那样清晰。
不过，在观星条件较好的情况下，冬天也是能够看到银河的。

① 为什么银河在冬天只是隐约可见?

A 因为在冬天，我们看到的是银河系外侧。

夏天时，我们看到的是银河系的中心，能看到许多星星。到了冬天，我们看到的是银河系外侧，肉眼能观测到的星星没有夏天多。

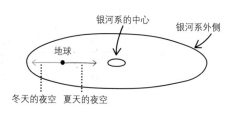

银河系的中心
银河系外侧
地球
冬天的夜空　夏天的夜空

② 冬天的银河有什么特别之处?

A 可以看到银河与黄道光交汇的景色。

尘埃微粒反射太阳光形成的光带叫作黄道光。在四周很暗、天空澄澈的夜晚，或许有机会一睹黄道光与银河交汇的奇景。此外，冬天还能看到大名鼎鼎的猎户座等星座，这也是冬日银河的魅力之一。

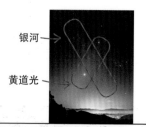

银河 →
黄道光 →

从左下延伸到右上的光带是黄道光。

从右下延伸到左上的是银河。

北岳（日本山梨县）

冬日，银河流过猎户座附近
砥峰高原（日本兵库县）

希腊神话中的传说

"银河是女神的乳汁"

相传，喝了奥林匹斯十二主神之一的赫拉的乳汁，就能获得永恒的生命。某一天，有一个婴儿想要在赫拉熟睡时吮吸她的乳汁，但因用力过猛，惊醒了赫拉，一些乳汁飞溅到天上，形成了银河。

还有一些乳汁洒落到地上，长成了百合花。

据说，银河在英语中之所以叫作"Milky Way"，就是源于这一传说。

而这个婴儿就是无数英雄故事中的主角——赫拉克勒斯。

丁托莱托作品《银河的起源》（1578年）

Q
为什么会产生极光？

阿拉斯加（美国）

A

这是由于太阳的影响。

从太阳上飞出的带电粒子流与地球大气相撞后就
会发光。

点缀夜空的帷幕是来自太阳的礼物。
太阳不仅仅给地球带来了温暖。

来自太阳的名为"太阳风"的带电粒子流，以每秒数百公里的速度飞向地球，这些小颗粒与地球大气层中的氧气、氮气相撞后，就会产生极光。

 极光最常见的颜色是什么？

A 绿色。紫色等颜色则比较罕见。

太阳风与空气中不同的成分相撞会产生不同颜色的极光。

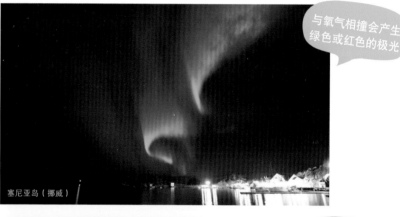

与氧气相撞会产生绿色或红色的极光

塞尼亚岛（挪威）

与氮气相撞会产生紫色或粉色的极光

阿拉斯加（美国）

红色极光被称为"神之怒火"，在中世纪的欧洲，人们十分惧怕这种现象。

② 有什么关于极光的传说？

A 在英文中，它是女神的名字。

极光在英文中叫Aurora（欧若拉），是罗马神话中"黎明女神"的名字。据说，这个名字是天文学家伽利略起的。

★COLUMN2★

"极光其实是鱼儿身上反射的光线"

在北欧有这样的民间传说，极光其实是大量的鲱鱼反射太阳光所形成的。在欧洲的另外一些地方，人们则认为红色与血和战争相关，很不吉利。拥有不同的文化背景和生活在不同地域的人们，对于吉兆和凶兆的判断方式也大为不同。

Q

极光是不是有很多
不同的形状？

克鲁瓦尼国家公园（加拿大）

A
一般有两种，一种像窗帘，
一种则呈放射状。

从侧面和下面看极光，形状会发生变化。

极光有很多种形状，有的像窗帘，有的则呈放射状。

Q 为什么极光有不同的形状？

A 因为观看的位置不一样。

窗帘状

在离极光较远的地方观看时，极光看起来像窗帘。

基律纳（瑞典）

放射状

在离极光较近的地方观看时，则呈放射状。请大家想象一下，从窗帘（极光）下方往上看时的景象。

阿拉斯加（美国）

2013年极光大爆发
阿拉斯加（美国）

 极光距离地面多远？

A 离地面有100～500千米。

极光位于距地面约100千米的高空中，那里几乎没有空气。比那里更高的地方被称为"外大气层"。不过，100千米以上的高空中也会有稀薄的空气，所以偶尔也会产生极光现象。

✳COLUMN3✳

天空的界限在哪里
宇宙的起点是何处

天空和宇宙之间没有明确的分界线。不过，在距地面约100千米的地方，几乎没有空气，也非常昏暗。也许可以说那里就是天空和宇宙的分界线。而云彩距地面最高也不过数十千米，飞机一般在距地面10千米左右的空中飞行。

Q

能同时看到极光和
银河吗?

阿拉斯加(美国)

A
能看到极光的地方，就有可能
会同时看到银河。

在南半球的新西兰等地，也有可能同时看到。

南半球也有能看到极光的地方。
极光现象多发生于北极和南极附近。

北欧、加拿大、阿拉斯加等地都是观赏极光的热门地点。
不过，我们很少听说南极周边有合适的观测点，
这是因为比较好的观测地点都位于南极大陆，普通游客很难前往。

Q 什么时候是观看极光的最佳时间？

A 在北半球，夜晚较长的9月至来年3月是最佳时间。

一般来说，在晚上10点到凌晨2点这个时间段，天空很暗，极光能持续数秒到数小时不等。

2011年3月 极光和月亮。
阿拉斯加（美国）

极光现象只发生在夜晚吗?

A 白天也会发生。

不过, 由于白天阳光太亮, 不易看到极光。

在黑夜中, 可以同时看到极光和星星

 如果遇到雨天或雪天, 就看不到极光了吗?

A 是的。

这并不是因为雨雪天不会发生极光现象, 而是因为极光"藏在"乌云后面, 我们看不到。

 在日本能看到极光现象吗?

A 在日本的北海道偶尔能观测到极光。

一般情况下, 极光的上半部分呈红色, 中间是绿色, 下半部分为粉色。在北海道, 只能观测到红色部分。不过, 用肉眼几乎是不可能看到的。

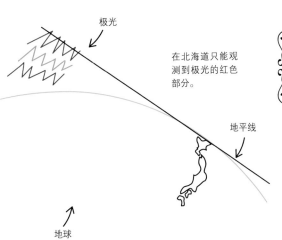

极光

在北海道只能观测到极光的红色部分。

地平线

地球

★COLUMN4★

极光在《日本书纪》* 中也有记载

《日本书纪》为日本现存最早的编年体史书。
——译者注

据《日本书纪》记载, 在公元620年12月30日和682年9月18日, 人们看到了类似于极光的现象。此外, 在镰仓时代的贵族——藤原定家所写的《明月记》中记载了如下内容: "北方的天空泛红, 白色和红色的光交织在一起, 这一幕既神奇又令人恐惧"。或许, 在古时候的日本, 除了北海道之外的其他地区也能看到极光吧。

Q

星星到底是什么？

特卡波（新西兰）

A
古时候，日本人把夜空中所有发光的小点都叫作"星星"。

夜空会给人带来无限遐思。
这一点，古今相似。

古时候，日本人把除了太阳和月亮之外夜空中所有小小的发光物体都叫作"星星"。
而现在，"星星"一般仅指自身能发光的恒星。

1 夜空中的星星有哪几种？

A 有自身可以发光的和自身不能发光的两种。

自身可以发光的叫"恒星"，除此之外，还有靠反射恒星的光来发光的行星以及彗星等。

轩辕十四（狮子座）是恒星，
金星和木星是行星。

纪伊大岛（日本和歌山县）

2 宇宙中一共有多少颗恒星？

星星的数量
数不清

A 大约有1000亿×1000亿颗恒星。

据测算，宇宙中大约有1000亿个星系，每个星系中约有1000亿颗恒星。从地球上肉眼能看到的恒星约有8600颗。但是，我们无法看到地平线以下的星星，受大气影响，在地平线附近的星星也很难看到。因此，实际上只能看到3000颗左右。如果是在城市里，因光源的影响和建筑物的遮挡，能看到的星星就更少了。

3 为什么白天看不到星星？

白天也看不到
月亮

A 因为阳光太亮了。

不论白天还是黑夜，星星都在天空中闪闪发亮。不过，因为太阳比星星明亮多了，所以白天我们看不到星星。

在周围没有明亮光源也没有
建筑物遮挡的地方，可以看
到无尽的漫天繁星。

襟裳岬（日本北海道）

恐龙时代的星空和
现在完全不同

科学家们认为，位于猎户座的参
宿四诞生于约1000万年前。而恐
龙诞生于距今两亿多年前，直至
6500万年前灭绝。因此，在恐龙
称霸地球的时代，还没有这颗恒
星呢。

参宿四

夷隅市（日本千叶县）

恐龙们没有见过参宿四

Q

"恒星"到底是什么？

A

恒星是自身能发光的星星。

襟裳町（日本北海道）

夜空中的绝大部分星星都能自己发光。

恒星指自身能发光的星星，
其内部会发生核聚变，由此产生光和热。
太阳也是恒星。太阳内部也会发生这种核聚变。

① 哪些星星是恒星？

A 夜空中的绝大部分星星都是恒星。

在我们肉眼能看到的星星中，除了水星、金星、火星、木星、土星这些围绕太阳旋转的天体及围绕地球旋转的月球外，其余基本都是恒星。散布在夜空中的星星看起来很小，但其实它们都和太阳一样，通过核聚变散发着光和热。

② 恒星为什么叫"恒"星？

A 因为它们的位置是恒定的、不变的。

恒星与其他天体的相对位置是不变的，它们进行着规则的运动。而水星、火星等围绕太阳旋转的天体在星空中的位置每天都会产生变化。因此星座中的星星都是恒星。

金星、水星这些可不是
星座中的星星哦

猎户座的星星也都
是恒星。

北岳（山梨县）

木星

在这张照片中，除了最亮的木星以外都是恒星。图中第二亮的那颗星星是五车二（御夫座）。

阿拉斯加（美国）

Q3 除了太阳，离我们最近的恒星是哪颗？

A 是半人马座α星。

半人马座α星（南门二）距离地球约4.3光年。在日本南部也能看到这颗星星。"α星"一般指该星座中最亮的那颗星。

半人马座α星

魔鬼大理岩（澳大利亚）

Q

"行星"是什么？

夜空下喷发的阿苏山。照片中最亮的星星是
木星，它也是一颗行星。

阿苏山（日本熊本县）

A
行星是围绕恒星旋转的天体。

2006年，科学家们将具备以下三个条件的天体定义为行星：

（1）围绕恒星旋转；

（2）基本上是球形；

（3）运行轨道上没有其他天体。

借助太阳的力量
闪闪发光的星星们。

行星是围绕恒星旋转的天体。
水星、金星、火星、木星、土星和地球都是围绕太阳旋转的行星。
行星和太阳不同，自身不能发光，
它们之所以看起来闪闪发亮，是因为反射了太阳的光线。

 行星为什么叫"行"星？

有一种说法是"让见到的
人感到迷惑"（日语中的
"行星"写作"惑星"）

A **因为它们是在夜空中"行走"的星星。**

行星和恒星不同，它们在星空中的位置每天都会发生变化。有时会在天秤座附近闪烁，有时又会闪现在室女座的周围。因为会到处"跑"，所以才被命名为行星。

★COLUMN6★

装饰在圣诞树树尖上的星星也是行星

装饰在圣诞树尖上的星星叫"伯利恒之星"。相传，三位贤者在这颗星星的指引下，找到了出生在伯利恒马棚里的耶稣。天文学家开普勒推测，伯利恒之星其实是公元前7年时恰好位置极其接近的土星和木星。也有人认为伯利恒之星其实是金星或彗星。

---

② **"启明星"是金星吗？**

A **并非只有金星是"启明星"。**

每天第一颗出现的星星被叫作"启明星"。实际上，启明星到底是哪颗星星，并无定论。不过，当金星出现在昼夜交界的地方时，这一天的"启明星"很有可能就是金星。由于不同的季节能看到的星星是不同的，因此除了金星以外，当季最亮的星星也有可能被当作启明星。

黄昏时候的金星和月亮。
五月松原（日本福冈县）

金星○ ○木星

金星和木星都是行星家族的成员。

堂岛（日本静冈县）

除了绕着太阳旋转
的行星以外，还有
其他行星吗？

A 有的。目前人类已经发
现了2000颗行星（截至2015
年10月）。

比如，飞马座51周围就有行星
环绕。人们在1995年发现了这
颗行星，这也是在太阳系之外
发现的首颗行星。

飞马座51

乘鞍岳剑峰山顶（日本岐阜县）

Q
什么是"彗星"？

2013年3月拍摄到的泛星彗星。

谷川岳（日本新潟县、群马县）

A
彗星是由冰构成的天体。

我们把被太阳融化的冰团，
叫作彗星

彗星是包含着气体或灰尘的冰团。
接近太阳时，冰团会逐渐融化，喷出内部的气体和灰尘。
越接近太阳，照射在冰团上的光越多，冰团看起来越亮。
从地球上看，喷出来的气和灰尘就像长长的扫把，
因此彗星也被称为"扫把星"。

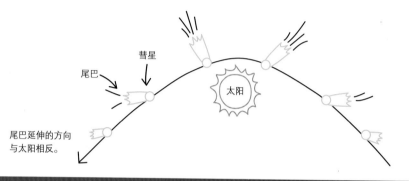

尾巴　彗星

太阳

尾巴延伸的方向
与太阳相反。

2013年11月拍摄到的ISON彗星
三石（日本神奈川县）

越接近太阳，彗星就会变得越大吗？

 不一定。

2013年11月出现的ISON彗星距离太阳很近，人们本以为它会变得非常明亮，却没想到在接近太阳时核心解体，反而变得非常暗淡，几乎看不到了。此外，从地面观测到的彗星大小也与彗星和地球的距离有关。

图中右侧发光的是ISON彗星，
左侧发光的是水星。

清里高原（日本山梨县）

 彗星飞走了还会回来吗？

 有的会回来，有的不会。

彗星有两种，一种每隔数年就会再次接近太阳，另一种在接近过太阳后就不会再回来。对于定期回归的彗星，人们可以多次观测到。比如哈雷彗星，它的回归周期约为76年，因此我们在2061年应该还能见到它。

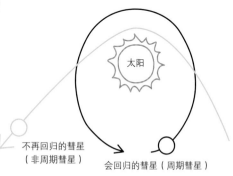

太阳

不再回归的彗星
（非周期彗星）

会回归的彗星（周期彗星）

 构成彗星的冰团有多大？

 大部分情况下，直径在几千米到几十千米不等。

Q
彗星的名字是怎么来的?

A
彗星是用发现它的人或组织的名字来命名的。

本页照片是艾伦·海尔和汤玛斯·波普于1995年发现的海尔一波普彗星。在两年后的1997年,该彗星连续三个月发出非常明亮的光,一时间为人们津津乐道。

桥杭岩(日本和歌山县)

我的名字也能在夜空中闪烁？！

彗星的名字是用发现它的人或组织的名字来命名的，
因此当同一个人发现了数颗彗星时，这些彗星便会获得同样的名字。
比如叫洛弗乔伊彗星的就有5颗（截至2015年10月）。
为了加以区分，正式的名称中会标记上发现的年份或月份等。

 近年来人们都看到过哪些彗星？

A 泛星彗星、洛弗乔伊彗星等。

泛星彗星

阿拉斯加（美国）

2011年，一个国际组织在实施"泛星计划"时发现了这一彗星，2013年，这一彗星的亮度变强，达到肉眼能观测到的程度。照片中在泛星彗星左上空出现的是仙女星系。

 什么时候能再看到比较明亮的彗星？

A 目前还没发现，说不定会突然出现呢。

有的彗星可以预测到下一次出现的时间，比如哈雷彗星。但近年来还没有发现亮度能达到观测程度的彗星。彗星在浩瀚的宇宙中是微不足道的，如果和地球的距离没有缩短到一定程度，就很难被发现。说不定在我们没有注意到的时候，已经有大彗星在接近了呢。

像彗星一样出现

特里·洛弗乔伊于2013年发现的洛弗乔伊彗星。
开田高原（日本长野县）

★COLUMN7★

彗星是吉兆还是凶兆

古时候，人们并不了解这种不定期出现、发射着强光的星星究竟是什么，因此在欧洲等地，人们认为彗星很不吉利，是一种"凶兆"。反之，葡萄酒生产商则相信，彗星出现后气温会上升，能够酿出好的葡萄酒。1811年，在彗星出现后，葡萄牙的葡萄酒生产将自己的葡萄酒命名为"1811年大彗星葡萄酒"，创出了极高的销售记录。

哈雷彗星

Q

流星和彗星一样吗？

钏路湿原（日本北海道）

A

不一样。

流星是宇宙尘埃和地球的大气层
摩擦后产生的光迹。

虽然叫流星，
但其实是在地球上产生的。

流星并不是宇宙中的星星，它是在地球上发生的现象。
流星是宇宙中漂浮的尘埃与大气层摩擦后产生的光迹。

据说每年落到地球上的宇宙尘埃
重达数百吨

 宇宙尘埃有多大？

A 直径一般在几毫米至几厘米之间。

每天都有无数的宇宙尘埃和大气
层摩擦。在空气澄澈的黑夜，抬
头仰望星空，应该就能看到流星
划过。

 流星的速度有多快？

A 据说速度能达到每秒几公里至几十公里。

特别明亮的流星也叫作
火球

★COLUMN8★

祈祷三次，

愿望就会成真

传说神仙为了眺望人间，在天上开了一道
口，流星就是从这道口子中漏出来的天
光。在这道光划过时许愿三次，就能让神
仙听到，愿望便会成真。

来自中亚的
传说

 陨石也是流星吗？

A 流星落到地上就是陨石。

流星燃尽后落到地上的东西就叫
陨石。一种假说认为，在大约
6500万年前，直径约10千米的巨
大陨石落到地球上，最终导致了
恐龙灭绝。

图为位于美国亚利桑那州的亚利桑那陨石坑，直径约1.2千米，深
约170米。科学家认为该坑是在约5万年前，因一块直径约数十米
的陨石掉落而形成的。

摩周湖（日本北海道）

 还有什么别的东西看起来像流星吗？

A 运动中的ISS（国际空间站）和人造卫星看起来像流星。

ISS（国际空间站）

人造卫星

富士山（日本山梨县、静冈县）

国际空间站是位于距地面400千米处的宇宙研究设施，以每小时28000千米的速度绕地球旋转。

南房总（日本千叶县）

日出前和日落后能在天空中看到人造卫星。

仙女座流星雨。
太郎山（日本富山県）

Q
流星和流星雨有什么不一样?

A
流星雨是从天空中的某一处飞来的大片流星。

有的流星雨每年都在固定的时间出现。

点缀在空中的流星雨，
是彗星留下的碎片。

流星是宇宙中的尘埃与地球大气摩擦后产生的发光物。
在天空中划过大片流星的现象叫作流星雨。
流星雨是由彗星留下的大量尘埃构成的。

Q "某某座流星雨"就是从那个星座上飞过来的流星吗？

A 不是。它是指看起来像是从那个星座所在的方向飞来的流星。

打个比方，"仙女座流星雨"指的就是"看起来像是从仙女座方向飞来的流星雨"。
实际上，仙女座的星星是不可能飞到我们肉眼可见之处的。

仙女座
流星雨

每年8月13日前后多见。

摩周湖（日本北海道）

② 为什么流星雨会在每年同一时期出现？

A 因为地球会在每年同一时期穿过彗星的尘埃带。

地球绕太阳一周需要一年，在这一过程中会穿过彗星留下的尘埃带，此时就会产生流星雨。不同彗星的尘埃带会产生不同的流星雨，观赏时间也各不相同（详情见p153）。

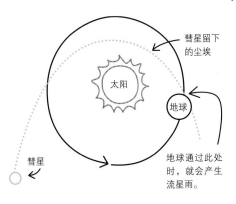

太阳

彗星留下的尘埃

地球

彗星

地球通过此处时，就会产生流星雨。

双子座流星雨

冈垣町（日本福冈县）

每年12月14日前后达到高峰。这一时期晚上9点左右比较容易观测到双子座。

★COLUMN9★

金牛座流星雨曾救过日莲一命

日莲是日本镰仓时代的佛教名僧，日莲宗的创始人。
他曾因遭到其他宗教和幕府的批判，而被判处死刑。
1271年10月23日，当他已经被架上断头台时，
突然夜空中划过一阵明亮的光，
刽子手和士兵们吓得浑身发抖。
处刑因此中止，日莲捡回了一条命。
现代人认为那阵光是金牛座流星雨。

立山（日本富山県）

Q
星星最后会变成什么?

A
有的恒星最后会爆炸。

例如,科学家认为猎户座的参宿四随时都有爆炸的可能。

参宿四

那颗闪亮的红色星星，
现在可能已经不存在了。

参宿四的寿命约为1000万年，科学家认为它已经快要走到尽头了。
因为参宿四距离地球约640光年，所以它可能已经发生了爆炸。
如果它在今天爆炸，那么它的光也要在640年后才能到达地球。

 参宿四长什么样子？

A 它是约为地球10万倍大的红色星球。

参宿四的直径约为14亿千米，约是太阳的1000倍、地球的10万倍大，由气体构成。天体在快要爆炸时，会剧烈膨胀并变成红色，其中特别巨大的叫"红超巨星"。参宿四正是处在这样的状态。
参宿四距离地球约640光年。也就是说，我们现在看到的参宿四其实是它640年前（明朝时期）的样子。

 为什么会发生爆炸？

A 因为它再无法承受自身的重量了。

恒星中心部分的核聚变会产生向外膨胀的力，同时恒星也会受到一个向中心挤压的力（重力），当这两个力处于平衡状态时，恒星会发光。但是，经过漫长的岁月之后，恒星内部的核聚变会停止，向外膨胀的力因此消失，只剩下重力。在重力作用下，恒星会突然发生坍缩，并产生巨大的内部压力，引发爆炸。这一现象被称为"超新星爆发"。

星星 →

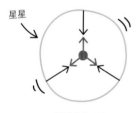

膨胀力和重力
处于平衡状态

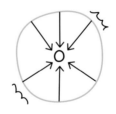

膨胀力消失，
重力压迫天体

突然坍缩，
压力引发爆炸

 如果参宿四爆炸，会发生什么？

A 可能会像满月那么明亮。

参宿四爆炸时会越来越亮，最后可能会成为夜空中最亮的星星，甚至如同白昼。同时温度也会升高，颜色由红色变为蓝色（天体温度高时发出蓝色的光，温度低时发出红色的光）。大约3个月之后会逐渐变红变暗，约4年后，肉眼就无法观察到它了。

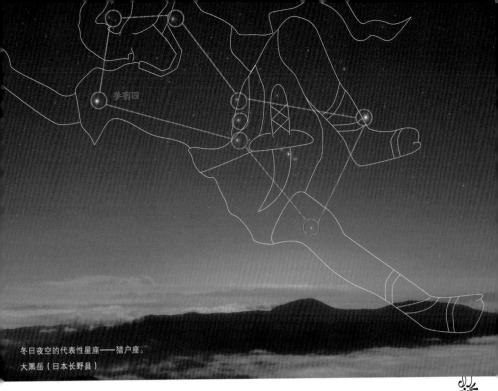

参宿四

冬日夜空的代表性星座——猎户座。
大黑岳（日本长野县）

有已经爆炸的天体吗？

A 目前已经发现了这样的天体。

镰仓时代的贵族藤原定家在他的日记《明月记》中记载了这样的内容："1054年，出现了一颗极为明亮的星星。"后人认为，这颗星星其实是发生了爆炸。定家记录的应该是位于金牛座的一个天体的爆炸。现在其残骸正在以每秒1000千米的速度扩散，形成"蟹状星云"。

地球最终也会爆炸吗？

A 地球主要由水构成，因此不会爆炸。

地球最终可能会被越变越大的太阳吞噬。太阳的寿命预计可达100亿年，现在大约47亿岁。太阳很可能会和参宿四一样越变越大。

绝景!

★★★★★★★★★★★★★★★★

观赏星空的
好去处

这个栏目会向大家介绍一些日本适合观赏星空的旅游胜地。
在旅行中放松身心、享用美食后,
仰望满天繁星,岂不妙哉?

观赏星空的好去处

尾濑（日本福岛县、新潟县、群马县）

在多雾的尾濑，常常发生一种名曰"白虹"的奇特现象。雾中的水滴反射月亮的光，因为水滴很小，光的颜色不会四散，虹因此看起来是白色的，而不是七彩色。顺便一提，这张照片中最亮的星星是木星。

Q
银河系和太阳系
有什么区别?

照片中最亮的星星是金星。这是
太阳系中的一个天体。

秋吉台（日本山口县）

A
太阳系是银河系的一部分。

太阳系中有地球、金星等围绕太阳旋转的行星。

即使是离我们最近的行星，
也仅仅是夜空中的一个小点。

被太阳引力吸引的天体集合在一起，形成了太阳系。
太阳系包含地球、水星、金星、火星、木星、土星、天王星和海王星等行星。

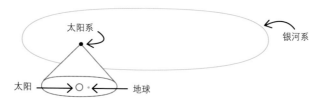

银河系

太阳系

太阳 ── ○ · ── 地球

---

① 太阳系中有几大行星？

A 以前有9个，现在有8个。

以前冥王星也在太阳系大行星之列。不过后来经科学家观测发现，海王星的外侧还有许多和冥王星大小相近的天体，因此改变了对行星的定义。2006年，冥王星被定义为矮行星。此外，2015年10月，科学家发现冥王星上有蓝天和以冰的形态存在的水，一时间这一发现引起广泛关注。

看起来像心形的区域

冥王星

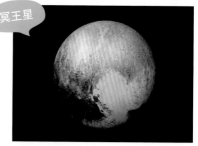

---

② 我想去地球以外的星球上看看！

A 不久的将来，人们或许会登陆火星。

人类于1969年首次登陆月球，现在，人类的目标是火星。火星这个名字听起来很热，但其实它表面的平均温度是-50℃。火星的土壤中含有氧化铁。2015年9月，科学家发现火星上有流动的水，因此人们推测火星上或许有生命体。2010年，时任美国总统的奥巴马表示，美国计划于21世纪30年代中期前用载人航天探测器将人类送至火星。

火星

在火星右侧发光的星星是春季大三角中的一角——室女座的角宿一。

千叠敷（日本和歌山县）

金星 〇

火星 〇

木星 〇

围绕太阳旋转的行星都属于太阳系

甲府盆地（日本山梨县）

★COLUMN10★

火星人为什么
长得像章鱼

一百多年前，美国天文学家洛厄尔提出的"火星上有运河，一定是火星人开凿的"一时间在民众中引发了"火星热"。此后，英国小说家乔治·威尔斯于1898年创作了讲述火星人侵略地球的经典科幻小说《星际战争》。这部作品的插画中描绘的火星人形象逐渐在大众的脑海中扎下根来。

长这样

③ 太阳系中只有行星吗？

A 也包括月球和彗星等。

太阳系中除了月球和彗星，还有像冥王星这样的矮行星和由岩石构成的小行星。火星和木星之间存在大量的小行星，名为"小行星带"。

Q

为什么星星会一闪一闪亮晶晶?

照片中最亮的星星是木星。
鹿儿岛湾和樱岛（日本鹿儿岛）

A
这是地球的大气层造成的。

大风吹过的时候，
也许会看到一闪一闪的星星哦。

乍一看，夜空中的星星都只不过是一个个小小的光点。

不过，若是定睛细看会发现，这些光点在闪烁。

这是因为大气扭曲了星星发射的光线。

如果在没有大气的宇宙中观测，星星是不会闪烁的。

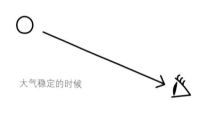

一闪一闪

大气稳定的时候

强风等原因导致
大气剧烈波动时

恒星比行星闪烁得更加明显。这
是因为恒星距离地球比行星更
远，其发射出的光线更容易受到
大气的影响。

鹫峰（日本长野县）

为什么星星会发光？

A 恒星和行星发光的原因不同。

恒星的内部发生核聚变，产生光和热。行星反射恒星的光，因此看起来像在发光。

详情见p36、p40

 怎么表示星星的亮度？

A 用"1等星""2等星"……来表示。

肉眼依稀可见的星星是6等星。1等星的亮度约为6等星的100倍。每等星之间亮度相差约2.5倍。

比1等星更亮的星星用更小的数字"0、–1、–2……"来表示。随着科技的发展，测量星星亮度的方法变得更加精确，因此有时会使用带小数点的数字来表示。

夏季大三角中，织女星（天琴座）是0等、牛郎星（天鹰座）是0.8等、天津四（天鹅座）是1.3等星。

驹根高原（日本长野县）

满月的亮度约为–13等

常陆那珂市（日本茨城县）

金星的亮度约为–4.7等，新月蛾眉月最亮可达–7等。

★COLUMN11★

为什么星星都画成"☆"的样子

受大气影响，星星有时候看起来像长着尖尖的角，因此人们把它描绘成这样。

国外也有这样的画法

Q

所有的星座中最亮的星
星是哪一颗?

大洗(日本茨城县)

A
是大犬座的天狼星。

其实，
夜空中有比猎户座更亮的星星。

天狼星（大犬座）是冬日夜空中标志性的星星。
它散发着青白色的光芒，比其他星座中的星星都要明亮。

 天狼星（Sirius）是什么意思？

A 在希腊语中，这个单词有"烧焦"的意思。

不是一般闪亮，
而是耀眼夺目

★COLUMN 12★

在日本，天狼星代表冬天，在英语中却代表炎热

英语中将夏季最热的时期称为"Dog Days"。这是因为在英语中名叫"Dog Star"的天狼星在这一时节会伴随着初升的太阳一起出现在天空中。大概古人认为，天狼星和太阳一同出现时天气就会变得很热吧。

 所有星座中，第二亮的星星是哪一颗？

A 是船底座的老人星。

老人星的亮度
为-0.7等

在日本的绝大多数地方，老人星只能在极其接近地平线的位置上观测到。

久保白大坝（日本福冈县）

天狼星的亮度为-1.5等。

山中湖（日本山梨县）

Q3 "星座中最亮的星星"和"夜空中最亮的星星"是同一颗吗？

A 不是同一颗。

在夜空中，除了星座中的星星（恒星）外，也有很多行星闪闪发光。星座中最亮的星星是亮度为-1.5等的天狼星，但金星比它更亮。从地面观测到的金星亮度会随地球与金星之间的距离而发生变化，但最亮的时候可以达到-4.7等。

上高地（日本长野县）

Q
为什么星星的颜色略有
不同？

A
因为每颗星星的表面温度不同，
所以颜色也不同。

白桧曽高原（日本长野县）

星星的颜色受温度影响。
蓝色的星星比红色的星星温度更高。

在眺望夜空时，你有没有发现星星的颜色其实并不相同？
也许你会以为红色的星星温度更高，但其实蓝色的星星才是更热的那个。
"上了年纪"的星星表面温度下降，逐渐变红。

 青白色的星星温度有多高？

A 以天狼星为例，它的表面温度有一万摄氏度左右。

除了星座中最亮的天狼星（大犬座），角宿一（室女座）等
也散发着青白色的光芒。科学家认为角宿一的温度比天狼星
更高，可达20000摄氏度以上。

青白色的星
星表面温度
最高

角宿一（室女座）是春季大三角
中的一角，散发着青白色光芒。

采尔马特（瑞士）

心宿二

燕岳（日本长野县）

② 那么，红色的星星温度有多高？

A 以心宿二为例，它的温度约为3500摄氏度。

天蝎座的心宿二表面呈红色，所以在中国被叫作"大火"。它的温度大约是太阳的一半。青白色的天狼星约为10000摄氏度，黄色的太阳为6000摄氏度，而红色的心宿二约为3500摄氏度。

③ 火星看起来也很红，它和心宿二的温度差不多吗？

A 火星呈红色是因为其地面是红色的，与温度无关。

火星、金星等行星的颜色与温度无关。行星自身不能发光，它们依靠反射太阳光来发光，因此其温度不会影响颜色。此外，由于木星由气体构成，因此看起来发黄。金星则同它的名字一样，散发着金色的光。

千叠敷（日本和歌山县）

④ 地球是什么颜色的？

A 看起来是蓝色的。

地球表面约70%是海洋，而且被大气层包裹着，因此从宇宙中看到的地球是蓝色的。此外，从月亮上看到的地球，比从地球上看到的月亮的直径大4倍左右。这是因为地球的直径比月亮大了约4倍。

Q
太阳落山时会变红，
为什么星星不会？

地平线上方的红色小星星是老人星（船底座）。
蒲生田岬（日本德岛县）

A
其实会微微变红。

不论是太阳还是星星，在地平线附近时都会变红。

老人星（船底座）是所有星座中第二亮的星星。其实老人星本身散发着青白色的光，但在日本，一般在地平线附近才能看到它，因此它和夕阳出于相同的原因，看起来都发红。

 为什么到了地平线附近会变红？

A 因为红色的光传播得更远。

这种现象与光的波长有关。波长越长，则受大气的影响越小，传播距离越长；波长短则容易在传播途中被分散。红色和橙色的光波长较长，紫色和蓝色的光波长较短。白天，太阳看起来泛白，但在早晨或傍晚，太阳发射出的光要在大气层中穿过更长的距离才能到达地球，最后只剩下波长较长的红色和橙色光，因此这时的太阳看起来更红。

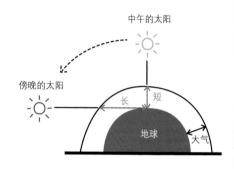

★COLUMN 13★

"看到老人星就能长寿"

在中国和日本，老人星总是在地平线附近出现，古人认为，看到这颗星星便能长寿。相传，日本七福神*中的长寿之神——寿老人便是老人星的化身。

*七福神，日本神话中主持人间福德的七位神。一般指大黑天、惠比寿、毗沙门天、弁财天、福禄寿、寿老人和布袋和尚。——译者注

城岛（日本神奈川县）

天狼星

在日本北部无法观测到老人星。

大黑岳（日本长野县）

Q ② 月亮升起和落下时也会变红吗？

A 是的。

徐徐升起的月亮。

渥美半岛（日本爱知县）

Q

离我们越远的星星
看起来越暗吗？

A

如果距离太远，即使明亮的
星星看起来也会很暗。

不过，也有星星即使离得很远看起来却很明亮，
有的星星虽然很近却仍暗淡。

照片中最明亮的天狼星（大犬座）
距离地球较近。

磧岳（日本长野县）

夜空中有多少比太阳
还要明亮的星星呢？

我们在夜空中看到的星星的明亮程度，不仅受它本身的亮度影响，也和它与地球之间的距离有关。

有没有距离虽远但仍然看起来很亮的星星？

A 天津四虽然离我们很远，但非常明亮。

虽然天津四（天鹅座）距离地球1000光年以上，但它看起来非常明亮。因此，它和织女星（天琴座）、牛郎星（天鹰座）组成了夏季大三角。而星座中最明亮的天狼星距离地球约8.6光年，与地球的距离较近也是它看起来如此明亮的原因之一。

织女星距地球25光年，亮度为0等；牛郎星距离地球17光年，亮度为0.8等；天津四的亮度为1.3等。

砥峰高原（日本兵库县）

② 什么星星离我们很近却很暗淡？

A 天鹅座61。

天鹅座61距地球11光年，和其他恒星相比，距离地球很近。但它的亮度只是肉眼勉强可见的程度。

天鹅座61是
5等星

砥峰高原（日本兵库县）

---

③ 距离会对亮度造成多大影响？

A 距离变成2倍远，则亮度变为原来的1/4。

假设图中的星星亮度为1。如果它和地球之间的距离变为原来的2倍，则亮度变为原来的1/4；之间的距离变为原来的3倍则亮度变为原来的1/9。星星的亮度随着距离变长而越来越暗。

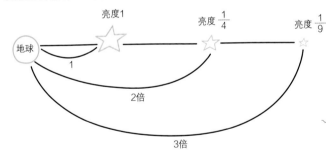

反之，如果距离缩短为原来的1/2，则亮度变成原来的4倍

★COLUMN14★

如果天津四在天鹅座61的位置上

和上弦月、下弦月差不多的亮度

天津四和地球间的距离是天鹅座61的一百多倍。如果天津四到了天鹅座61的位置上，它和地球之间的距离就会缩短为现在的1/100，那么其亮度至少会变为现在的10000倍。

Q

为什么在不同的季节，我们看到的星星不一样？

2014年4月27日1点30分拍摄的夜空。

外房（日本千叶县）

A
因为地球在一年内会围
绕太阳公转一周。

2015年9月13日1点半拍摄的夜空。

外房（日本千叶县）

晚上我们看不到的星星，
可能正挂在白天的天空中呢。

在不同的季节，看到的星星也不同。比如夏天更容易看到天蝎座，冬天则更容易看到猎户座。这是因为地球在一年内围着太阳旋转了一周。

无论在哪个季节，我们都看不到和太阳位于同一侧的星星，只能看到在太阳另一侧的星星。

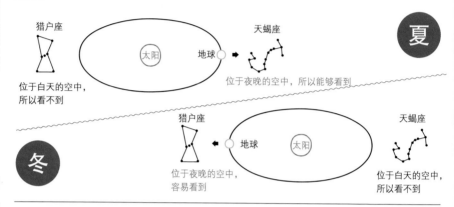

猎户座　位于白天的空中，所以看不到
太阳　地球　天蝎座　位于夜晚的空中，所以能够看到　夏

冬　猎户座　位于夜晚的空中，容易看到　地球　太阳　天蝎座　位于白天的空中，所以看不到

为什么过生日的时候看不到自己的星座？

A　因为生日星座是该季节位于太阳同一侧的星座。

自己的星座是无法在过生日那天看到的。因为生日星座是指出生那天太阳经过的星座。如果想要看到自己的星座，那就在过生日的四个月前的晚上8点到9点之间抬头看看南面的星空吧。

♈ 白羊座　3月21日～4月20日
♉ 金牛座　4月21日～5月21日
♊ 双子座　5月22日～6月21日
♋ 巨蟹座　6月22日～7月23日
♌ 狮子座　7月24日～8月23日
♍ 处女座　8月24日～9月23日
♎ 天秤座　9月24日～10月23日
♏ 天蝎座　10月24日～11月22日
♐ 射手座　11月23日～12月22日
♑ 摩羯座　12月23日～1月20日
♒ 水瓶座　1月21日～2月19日
♓ 双鱼座　2月20日～3月20日

※在不同占星学派中，具体日期略有不同。

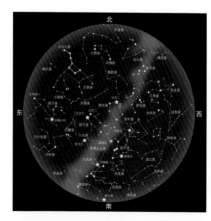

2月中旬晚上8点左右东京的星空

例如，2月的晚上8点左右可以在南边的夜空中看到双子座。

※图中未标注月亮和行星。

日本国家天文台供图

天蝎座

海老野市（日本宫崎县）

②生日相近的人的星座，在夜空中的位置也相近吗？

A 是的。

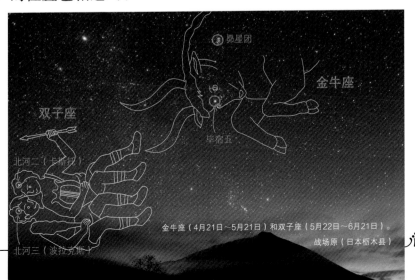

金牛座（4月21日～5月21日）和双子座（5月22日～6月21日）。

战场原（日本栃木县）

Q

北极星总是位于
正北方吗？

A

实际上会稍有偏移。

圆中心的粗线表示北极星的位
移。北极星几乎位于正北方，但
一天之中也会稍有位移。

梅西肯哈特（美国）

有一颗星星永远不会落下，
一年365天都在夜空中闪耀。

因为地球每天自转一周，所以星星看起来好像一直在移动。

但若星星与地球的自转轴位于同一条线上，比如几乎位于北极正上方的星星，地球再怎么转动，它看起来也是不动的。北极星就是这样。

也就是说，只要看到北极星，就能辨别出北方啦。

北极星

实际上自转轴有时会稍微偏移，这时北极星看起来也会微微移动。

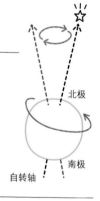

北极星

北极

南极

自转轴

 北极星永远都位于北极上方吗？

A 不是的。

地球的自转轴就像陀螺晃动的中心轴一样，其倾斜度会慢慢发生变化。经过了漫长的岁月，自转轴若发生偏离，那时的"北极星"就不再是现在的这一颗啦。

 那时候，哪颗星星会成为新的"北极星"呢？

A 大约12000年之后，织女星将成为"北极星"。

约8000年之后，天津四会成为"北极星"；12000年之后，织女星会成为"北极星"。大约在4800年前，右枢（天龙座）曾是当时的"北极星"。自转轴的旋转周期是26000年，因此26000年之后，北极星又会回到现在的位置上。

天狗平（日本富山县）

4800年前

右枢

北极星

北极

南极

自转轴

现在在夜空中大幅移动的右枢在4800年前其实位于几乎正北的位置。

仙后座

北极星

北斗七星

从地面上看，北斗七星和仙后座
像是围绕着北极星旋转。

阿苏（日本熊本县）

既然有北极星，那么有南极星吗？

A 现在没有南极星。

如果南极的正上方存在明亮的星星，那它就会成为南极的指向标——南极星。但是，现在南极的上空没有这样的星星。大约12000年前，星座中第二亮的星星——老人星（船底座）几乎位于南极的正上方，它可能就是那时候的南极星吧。

南十字星

老人星

维多利亚州（澳大利亚）

Q

为什么在不同国家看到的星星不一样？

A
因为我们看到的并不是
同一片天空（宇宙）。

你看到的夜空和世界上
其他地方不同。

并不是在世界上的每个地方都能看到同样的星星。
比如，有的星星在南半球能看到，在北半球却看不
到。

再举个例子，位于南极和北极的两个人同时抬头仰
望，看到的星星是完全不同的。

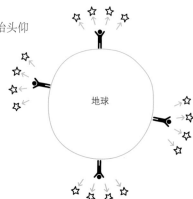

地球

在不同地方看到的
是不同的夜空

南十字星

南天假十字

南十字星的附近还有一个名叫"南天假十字"的星座。

乌尤尼（玻利维亚）

Q1 在南半球和北半球看到的星星是完全不一样的吗？

A 有一些星星在南北半球都能看到。

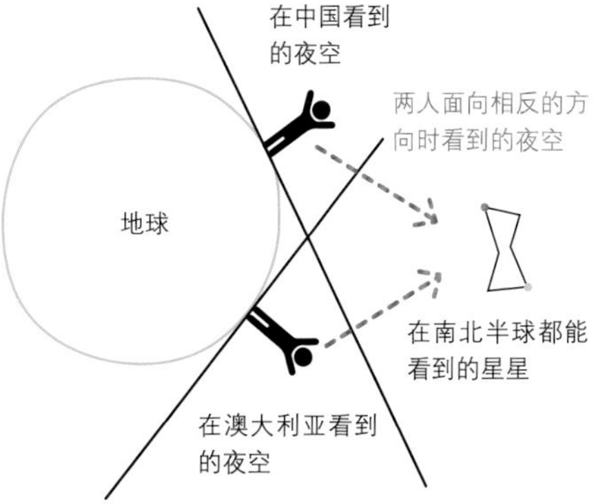

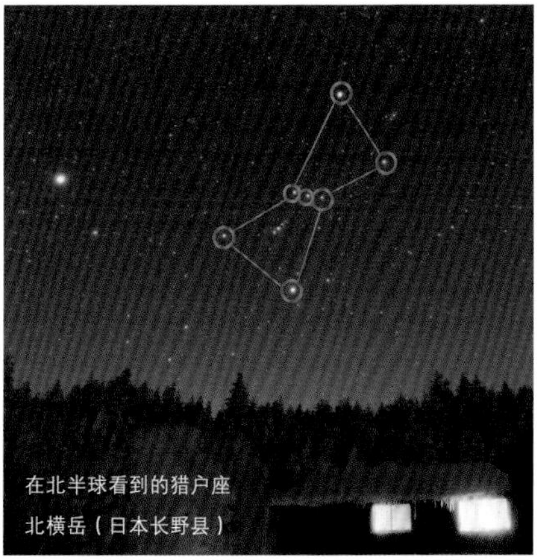
在北半球看到的猎户座
北横岳（日本长野县）

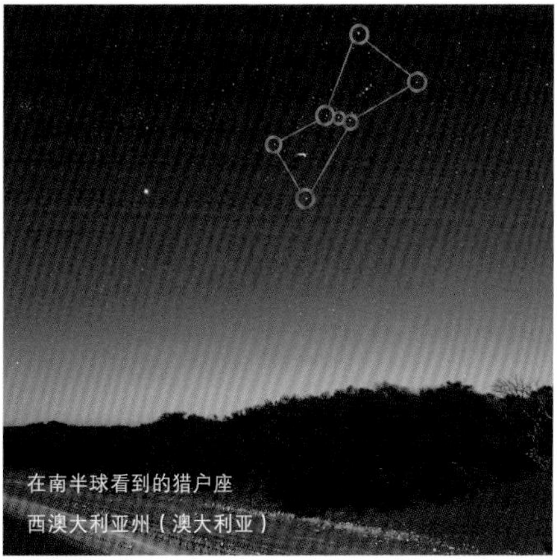
在南半球看到的猎户座
西澳大利亚州（澳大利亚）

★COLUMN15★

夜空的模样随纬度的改变而变化

如果想看到不一样的夜空，那就到不同的纬度去吧

准确地说，夜空中星星的景象是随着纬度的变化而变化的。同一纬度虽然有时差，但在同一天的晚上看到的星星是一样的。比如，希腊、意大利与中国某些地区的纬度相近，因此看到的星星差不多。

Q2 哪些很有名的星座，在中国看不到？

A 比如南十字星，在中国的大部分地区看不到。

地理大发现的时候，人们靠南十字星来辨别方位。还有一些名字很奇特的星座在中国也基本看不到，比如苍蝇座、蝘蜓座等。

绝景！
★★★★★★★★★★★★★
观赏星空的
好去处

观赏星空的好去处
2

精进湖（日本山梨县）

在这里，既能眺望富士山，也能看到富士山在湖中的倒影，还能尽享天上密布的
繁星。

Q

月球是怎么产生的？

A

科学家认为，月球是地球和
巨大的天体撞击后产生的。

或许，挂在夜空中的月亮，就是地球的碎片。

大约46亿年前，地球诞生了。

一种广为流传的学说认为，在诞生1亿年后，地球与巨大的天体发生碰撞，月球就是由该天体的一部分和地球飞散至宇宙中的一部分聚集而成的。

这个与地球碰撞的天体的大小约为地球的一半。

1 地球到月球有多远？

A 平均距离约38万千米。

假设乘坐飞机（时速1000千米）前往月球，需要花费16天。从大小来看，地球的直径约为12700千米，而月球的直径约为3500千米。

步行11年才能到

月球

地球

2 月亮表面是什么样的？

A 有的地方坑坑洼洼。

肉眼看上去，月球的表面非常平滑，但用望远镜观测就会发现，月球表面有很多圆形的坑。这些坑叫"月坑"，大部分是陨石撞击月球表面留下的痕迹。月球上既不会下雨也不会刮风，因此，上亿年前产生的撞击坑，至今没有任何变化。此外，月球上还有比富士山*更高的山。

*富士山：日本著名景点，海拔3776米。

3 月球也是行星吗？

A 月球是卫星。

自身能发光的天体叫恒星，围绕恒星旋转的天体叫行星，围绕行星旋转的天体叫卫星。目前，在太阳系的其他行星中，人们已经发现火星、土星、木星、天王星和海王星也有卫星。

金星

月球是地球的卫星。金星是太阳的行星。

特卡波（新西兰）

月球和地球之间的距离有30个地球连起来那么长。

维克（冰岛）

地球照亮月球——

"地球反照"

即使在一弯新月的时候，也可以隐约看出月球的暗部呈圆形。这种现象叫"地球反照"（简称"地照"）。顾名思义，是指月球受到地球照射的现象。地球表面反射太阳光照到月球上，使得人们能隐约看到月球暗部。

野边山高原（日本长野县）

Q
为什么月亮的形状会
发生变化?

伊良湖岬(日本爱知县)

A

因为月球在围绕地球旋转。

"月有阴晴圆缺"，
月亮的盈亏是古人的日历。

月球围绕地球旋转。

从地球上看到的月球形状，会随着地球与月球相对位置的改变而变化。

月亮盈亏的周期约为30天。

如果今天是满月，那么大约再过30天，天空中会再次出现满月。

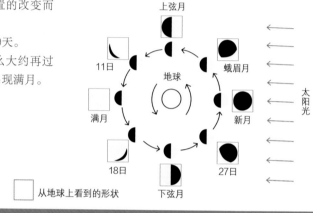

上弦月

蛾眉月

11日

地球

满月

新月

太阳光

18日

27日

下弦月

从地球上看到的形状

法语中的"羊角面包（croissant）"
是蛾眉月的意思。

内房（日本千叶县）

Q 除了蛾眉月之外，月亮呈其他形状时叫什么名字？

A 新月、上弦月、下弦月等。

新月

上弦月

下弦月

一般情况下肉眼是完全看不到的。只有发生日食的时候才能看到。

在新月7天之后出现的半个月亮

在新月22天之后出现的半个月亮

Q 什么是月食？

A 当月球运行至地球的阴影部分时，月球看起来像缺了一块的天文现象。

月食是当太阳—地球—月球处于一条直线上时发生的现象。地球的影子投到月球上，月球接收不到太阳的光线，因此看起来像缺了一块。也就是说，发生月食时我们看到的月球暗部其实是地球的影子。

因为地球遮住了太阳的光线，所以月球看起来像缺了一块。
稻佐山（日本长崎县）

Q 什么是日食？

A 太阳躲到月球后面，看起来太阳像缺了一块的天文现象。

日食是当太阳—月亮—地球处于一条直线上时发生的现象。从地球上看，月亮和太阳的一部分重叠了起来，因此太阳看起来像缺了一块。日食时我们看到的太阳暗部其实就是新月。

月亮遮住了太阳光，因此太阳看起来像缺了一块。
伊斯法罕市郊外（伊朗）

唐松岳顶上山庄（日本长野县）

Q
除了月食，月亮还有其他奇特现象吗？

A
有的。

比如月晕，即月亮周围出现巨大的圆形光圈的现象。

月亮的魅力，
不仅限于阴晴圆缺。

月亮周围出现光环，月亮突然变大，月亮附近出现彩虹……
在快要满月的时候，会发生各种不可思议的现象。

① 什么是月晕？

A 月晕是月亮周围出现光圈的现象。

在满月前后明朗的夜晚，当薄薄的云朵笼罩在
月亮上时，月亮的周围会出现一道圆形的光
圈。这种现象叫"月晕"，是由于月亮反射的
光线经云中的冰晶反射、折射而产生的。

美原高原（日本长野县）

② 月亮还会发生什么现象？

A 还有超级月亮、月虹等。

超级月亮

超级月亮是指月亮看起来比平时更大的现
象。其实，从地球上看到的月亮大小每天都
会略有变化。月亮围绕地球旋转的轨道呈椭
圆形，所以月亮有时离地球近，有时离地球
远。当月亮位于近地点并满月的时候就会出
现"超级月亮"。

东白川村（日本岐阜县）

大的时候和小的时候
差了约14%

2014年8月11日

2015年3月6日

云中冰晶的不同状态，会使月晕的光环的颜色发生变化。

清里高原（日本山梨县）

月虹

月虹是指月光下出现的彩虹。月光经空中的水滴反射、折射，因此呈现出七种颜色。满月的时候，如果刚好下过雨或在瀑布附近，会产生这种现象。不过，因为每个月只有一次满月，同时还需要具备水汽充足的条件，因此月虹很少见。

在英语中，彩虹是"rain-bow"，而月虹则是"moon-bow"，很容易记忆吧。

月虹出现在天空中月亮的反方向

维多利亚瀑布（赞比亚、津巴布韦）

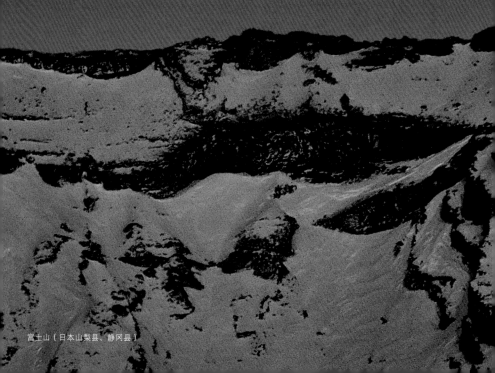

Q
每个国家都有关于月
兔的传说吗？

富士山（日本山梨县、静冈县）

A
有的地方也会使用其他形象。

月亮上的居民，
不只有兔子。

一些科学家认为，月亮上看起来黑乎乎的部分，是岩浆凝结形成的。
而在日本的传说中，这个黑色部分被看作是月亮上的兔子。
在世界上的其他地方，还有各种各样的传说。

Q 除了兔子，还有什么样
的传说？

A 关于螃蟹、驴等的传说。

螃蟹

驴

在加拿大有这样的传说：黑色的部分是一只青
蛙，因为它很生月亮的气，所以粘在了上面。

耶洛奈夫（加拿大）

在日本有这样的传说：月亮上住
着一个讨厌打水的孩子。

秦野市（日本神奈川县）

在澳大利亚则有这样的传说：月亮上黑色
的部分是被烧死的男人身上的伤疤。

斯普林山农场（澳大利亚）

Q

月球和地球之间会产
生相互作用吗？

A

会。地球上的潮汐就是月球引
力引起的。

或许，正是由于月亮的存在，才诞生了人类。

海水受月球的影响。

月球的引力将水面拉起，因此有了潮起潮落。

特别是在新月和满月的时候，太阳的引力也会对水面产生作用，此时将引发更大的涨潮和退潮。

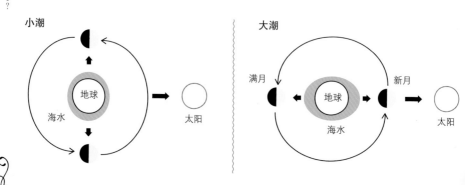

小潮

大潮

有一种学说认为，涨潮和退潮使得海洋中的各种物质混合在一起，生命由此诞生。

南房总（日本千叶县）

月亮会对人产生影响吗？

A 也许会，但目前还未证实。

民间有在满月之夜"分娩的人多""犯罪高发"这样的说法，但未经证实。今后通过科学家的研究或许会弄清其中的原理。

 狼人的传说源自哪里？

A 世界各地都有。

世界各地都流传着月圆之夜人类变身为狼人袭击他人的传说。
在《旧约》中，也有关于狼人的记载。

★COLUMN17★

在古代，月亮才是日历

在古代，人们把月亮的盈亏周期叫作"一月"（"一个月"的说法就是这么来的），看看月亮，就能知道日期了。而现在使用的日历是以地球绕太阳公转的运动周期为基础制定的。

 日本的传统"中秋明月"是怎么产生的？

A 是从中国传来的。

这是日本平安时代从中国传到日本的。在农历中，八月被称为"中秋"，八月十五日的月亮叫"中秋明月"。相当于现在公历的9月中旬至10月中旬之间，具体日期每年不同。

为庆祝丰收，在中秋有用米制作团子的习俗

 月亮会永远在地球周围绕着地球旋转吗？

A 其实它在一点点远离地球。

观测发现，月球和地球之间的距离每年扩大约3.8厘米。虽然这一数字很小，但总有一天，月亮看上去会比现在小很多。

(5) 如果没有月亮，会发生什么呢？

A 地球上的一天或许会变成8小时。

现在地球的自转周期是24小时，所以一天是24小时。这是因为月亮使地球自转变慢了。科学家认为在月亮出现以前，地球上的一天是8小时。

绝景!
★★★★★★★★★★★★★★

观赏星空的
好去处

观赏星空的好去处

3

美瑛町（日本北海道）

广袤的北海道大地，夜空繁星密布。
照片是美瑛町的著名景点——"哲学之树"和银河。

观赏星空的好去处

★4

阿智村（日本长野县）

在2006年日本环境省（相当于中国的生态环境部）发布的全国星空连续观测中，阿智村在"星星最闪耀的地方"排行榜中位居榜首。

观赏星空的好去处

★5

石垣岛（日本冲绳县）

石垣岛位于赤道附近，有机会观测到南十字星。这里每年夏天都会举办"南部岛屿星空节"活动。

在非洲的纳米比亚看到的猎
户座，与日本看到的相反。

赛斯利姆（纳米比亚）

Q
星座在世界上是
统一的吗？

A
现在是统一的。

当说到星座，
全世界的人都有了共同语言。

据说，距今大约5000年前，在美索不达米亚地区出现了星座的概念。过去，在不同时代和不同地区，星座的种类和数量都有所不同，但进入20世纪后全球有了统一的星座。

 星座一共有多少个？ 　　A 一共有88个。

 星座的数量是怎么决定的？

A 世界各国的天文学家聚在一起决定的。

由于不同国家之间星座的差异，以及非权威人士自行创造出星座等原因，星座的数量一度达到近120个。因此，在1928年举办的国际天文学联合会总会上，天文学家们对星座进行了归纳整理，仿照国境，将天空按照领域划分出88个星座。从此以后，我们在地面上看到的恒星，都是这88个星座中的一员。

★COLUMN 18★

是谁勾勒了现在的星座的雏形

大约1900年前，天文学家托勒密在自己所著的《天文学大成》中，总结出了48个星座。其中一些星座就是现代星座的雏形，比如白羊座、大犬座等。

 古代都有些什么样的星座？

A 比如驯鹿座、印刷室座等。

另外还有为贵族所创造的弗里德里希荣誉座，天文学家为纪念自己的爱猫而创造的猫座等充满个性的星座。

还有纪念查理一世的柏木座、乔治一世的琴座等

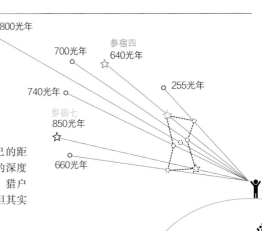

15世纪地理大发现之后，南半球的星座开始增多。

库克山（新西兰）

Q4 水星和金星等行星属于什么星座？

火星、木星、土星等也是一样的

A 行星在星空中的位置总是在变化，因此不在星座内。

Q5 同一星座中的星星在宇宙中的距离很近吗？

A 基本上离得很远。

从地面上看，所有的星星和自己的距离都差不多。但实际上，宇宙的深度是很深的。比如，从地面上看，猎户座的星星都处在一个平面上，但其实它们之间的距离远着呢。

1800光年

700光年

参宿四
640光年

740光年

255光年

参宿七
850光年

660光年

Q

春天的夜空中有哪些看点？

照片中的北斗七星和春季大三角的具体介绍请见p131。

别宫的梯田（日本兵库县）

A

北斗七星和春季大三角。

抬头看看星座，
就知道春天要来啦。

牧夫座的大角星、室女座的角宿一和狮子座的五帝座一排列构成的三角形叫"春季大三角"。大角星的亮度为0等，角宿一为1等，五帝座一为2.1等。

Q 春天还可以看到哪些星星？

A 春天也很容易看到北斗七星。

北斗七星位于大熊座的背部到尾巴的位置。春天的晚上8点左右，北斗七星会出现在北边的高空中。此外，从北斗七星到大角星再到角宿一，连起来的曲线叫作"春季大曲线"。

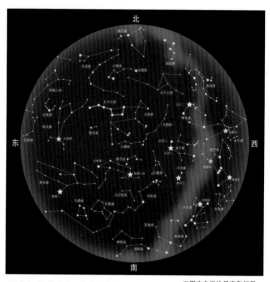

4月中旬晚8点左右，东京的夜空

※图中未标注月亮和行星。
日本国家天文台供图

Q2 北斗七星的形状像个勺子？

A 在不同的国家，北斗七星会被比喻成不同东西。

"北斗七星"是从中国传来的叫法，"斗"是"长柄容器"的意思。"北斗七星"的意思其实是"北边的天空中长得像勺子一样的七颗星星"。

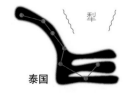

犁

泰国

皇帝的步辇

中国

锅

法国

春季大曲线

春季大三角

五帝座一

牧夫座的大角星和室女座的角宿一也被称为"春天的夫妻星座"。

别宫的梯田（日本兵库县）

室女座的主角是一位怎样的女性

关于室女座的传说有很多。

其中一个是关于农业女神德墨忒尔的故事。

德墨忒尔是宙斯的妹妹，被称为"大地的母亲"，掌控着地上所有的植物。

因为女儿珀耳塞福涅被冥王哈迪斯绑架到冥界，

德墨忒尔深受打击，藏到了洞穴中。

因此，大地失去生机，万物寂寥。

不忍坐视的宙斯说服哈迪斯，让他把珀耳塞福涅还给她的母亲。

珀耳塞福涅回到德墨忒尔身边后，大地又变得生机勃勃。

但是，珀耳塞福涅在回来前，吃了哈迪斯给她的四颗石榴籽，

所以她在一年中有四个月不得不回到冥界。

每当珀耳塞福涅回到冥界的时候，德墨忒尔就会躲到山洞里，这便是冬天的由来。

Q

夏天的夜空中有哪些
看点？

A

银河与夏季大三角值得
一看。

仰望夏季的星空，
可以看到牛郎星和织女星。

天琴座的织女星、天鹰座的牛郎星及天鹅座的天津四组成了"夏季大三角"。
织女星的亮度为0等，牛郎星为0.8等，天津四为1.3等。

① 夏天还能看到哪些星座？

A 还能看到人马座和天蝎座等。

天蝎座的形状看起来像钩子，因此在日本的部分地区，它也被称为"鱼钩星"。在夏威夷的传说中，英雄毛伊就是用这个钩子把岛屿从海里拉上来的。

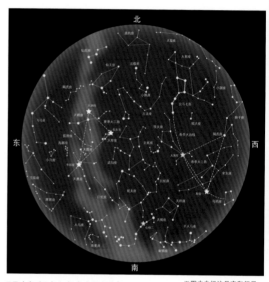

7月中旬晚9点左右 东京的夜空

※图中未标注月亮和行星。
日本国家天文台供图

② 这些星座只有在夏天才能看到吗？

A 其他季节也能看到。

晚8点至9点左右出现南边天空中的星座是当季的星座。在同一天，换个方向或角度，也能看到其他季节的星座。

夏季
大三角

11月15日晚8点左右，在西边天空中较低处观测到的夏季大三角
砥峰高原（日本兵库县）

天津四

夏季大三角

牛郎星　　　　　　　　　　　　　织女星

牛郎星和织女星隔着银河
遥相辉映，等待着七夕的
鹊桥相会。

久住别（日本大分县）

COLUMN20

天鹅座里有个黑洞

黑洞其实不是一个洞，而是拥有超级巨大引力的
天体。科学家们认为在天鹅座的脖颈处存在黑
洞，秒速高达30万千米的光都无法从这里逃脱。

据说，这里有一个叫作"天
鹅座X–1"的黑洞

Q

秋天的夜空中有哪些
看点？

北落师门详见p139下半部分，
在这张图上可以看到的秋季四
边形，详见p139上半部分。

净土平（日本福岛县）

A

北落师门和秋季
四边形。

秋天的夜空，
是希腊神话的舞台。

飞马座的"身体部分"叫作"秋季四边形"，代表秋天的星星们组成了这个四边形。
此外，在秋季的星星中，南边的南鱼座主星——北落师门是最明亮的。

飞马座的英文是Pegasus，
拉丁文则是Pegasi

Q 秋天还能看到哪些星座？

A 还可以看到神话中有名的星座。

秋天是观赏仙女座、英仙座、仙后座的好时期。仙后座的星星特别密集，比秋季四边形更容易发现。

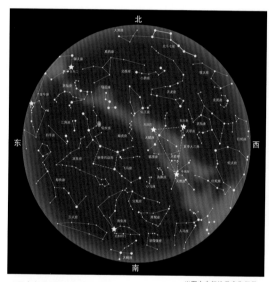

10月中旬晚8点左右 东京的夜空

※图中未标注月亮和行星。
日本国家天文台供图

★COLUMN 21★

希腊神话中的
王室

秋天的星座接连登场

仙后座是埃塞俄比亚王后卡西奥帕亚的化身。王后以自己的女儿安德洛墨达（仙女座）为傲。

"她比海里的妖精更美丽。"王后说。

这种夸耀激怒了海神波塞冬。

波塞冬将巨大的鲸鱼怪送入海中，让它袭击出海的人们。

"如果不想被袭击，就把安德洛墨达作为祭品献给我吧。"波塞冬说。

埃塞俄比亚人听到神谕，便把安德洛墨达绑在海边的岩石上。

正当鲸鱼怪要袭击她的时候，一位勇者出现了。

他就是乘着飞马（座）的珀尔修斯（英仙座）。

珀尔修斯把刚被击退的美杜莎的头转向鲸鱼怪，把它变成了石头。

安德洛墨达因此获救，之后两人结为夫妇。

据说，仙后座每天绕着北极星旋转一周，就是对王后卡西奥帕亚狂妄夸口的惩罚。

仙后座

北极星

秋季四边形

秋季四边形没有其他季节的大三角那么明亮，最亮的星星（右上）的亮度也只有2.1等。

净土平（日本福岛县）

 "北落师门"是什么意思？

A 它的拉丁文名是"鱼嘴"的意思。

在日本，北落师门被称作"南边第一星""秋天第一星"。因为它位于南边天空中很低的位置上，船夫们都知道这颗星星。

北落师门就在南鱼座的嘴边闪烁

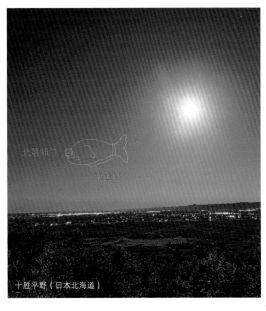

北落师门

南鱼座

十胜平野（日本北海道）

Q

冬天的夜空中有哪些看点？

照片中的猎户座和冬季大三角
的详情见p143。

鹤居村（日本北海道）

A

有猎户座和冬季
大三角。

冬天的夜空中还有许多其他明星，
可以说整个夜空都很值得观赏。

在冬天的夜空中，最容易找到星星。

冬季，空气澄澈，明亮的星星数量多，是观星的绝佳季节。
猎户座的参宿四、大犬座的天狼星和小犬座的南河三组成了"冬季大三角"。
参宿四的亮度为0.5等，天狼星的亮度为-1.5等，南河三为0.4等。

冬天还能看到哪些星座？

A 星星连起来构成的"冬日钻石"是一大看点。

天狼星、南河三、双子座的北河三、御夫座的五车二、金牛座的毕宿五和猎户座的参宿七这六颗星星连在一起组成六边形，被人们称作"冬日钻石"。

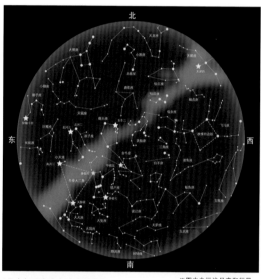

1月中旬20点左右 东京的星空

※图中未标注月亮和行星。
日本国家天文台供图

★COLUMN22★

哪个星座最容易被发现

猎户座是冬天的标志性星座。猎户座中有参宿四和参宿七这两颗亮度较强的星星，中央还有三颗并排的星星，这些较明显的特征对观星新手来说也很容易寻找。顺着猎户座，会更容易看到冬季大三角和冬日钻石。

摩利支天岳（日本长野县、岐阜县）

又名"冬季六边形"

冬季大三角

季俯四

南河三

照片中最亮的星星是木星。

鹤居村（日本北海道）

② "昴"是星星的名字吗？

A 它是星团的名字，全称是"昴星团"。

星团是恒星的聚合体。昴星团位于金牛座，由约100颗青白色的星星组成，是最有名的星团之一。平安时代*的作家清少纳言在她的随笔集《枕草子》中这样写道："众星中还是昴最为美丽，牵牛星、金星和流星也有几分迷人。"

*平安时代：公元794年至公元1192年。——译者注

昴星团

毕宿五

乘鞍高原（日本长野县）

西湖野鳥森林公園（日本山梨县）

Q
有没有可以讲给朋友们听的
关于猎户座的传说?

A
有很多，比如讲述星座由来的神
话。

猎户座是大家都知道的星座，
也是大家最感兴趣的星座。

猎户座是夜空中最容易被发现的星座之一。
如果了解一点关于猎户座的知识，
当你与其他人一起欣赏夜景的时候，就有谈资了。

 猎户座的来历是什么？

A 它是希腊神话中出现的猎人。

俄里翁（猎户座）是海神波塞冬的儿子，他常常为自己的外貌和力量陶醉。一次，他夸口称"我是世界上最强的"，这种说法惹怒了大地女神盖亚。盖亚派出一只巨蝎，刺死了俄里翁。天蝎座是夏天的星座。传说，就是因为这样，猎户座才在没有天蝎座的冬天升上夜空。

> 在另一种传说中，俄里翁是被月神阿尔忒弥斯杀死的

② "参宿四"和"参宿七"有什么含义？

A 据说在阿拉伯语中，它们分别是"腋下"和"左脚"的意思。

> 源自阿拉伯语

★COLUMN23★

猎户座代表了源平合战*

*源平合战：平安时代末期，日本贵族之间冲突不断。源平合战是这一时期，源氏和平民两大武士家族集团之间一系列争夺权力的战争的总称。——译者注

因为平民举赤旗，源氏举白旗，所以在日本的一部分地区，散发着红光的参宿四被叫作"平家星"、散发着青白色光芒的参宿七则被叫作"源氏星"。

---

③ 猎户座的形状看起来像什么？

A 常见的比喻有鼓或者乌龟等。

鼓

日本

乌龟

秘鲁

参宿四

三颗星

参宿七

西湖野鸟森林公园（日本山梨县）

三颗星底下朦胧的光团是什么？

A 是猎户星云。

星云是宇宙中的
气体和尘埃组成
的云雾状天体。
猎户星云距地球
约1300光年。

◎猎户星云

奥四万湖（日本群马县）

绝景！
★★★★★★★★★★★★★
观赏星空的
好去处

观赏星空的好去处
6

美原（日本长野县）

周边的一些旅馆会组织免费的观星之旅。
特别是在美原的地标建筑美之塔附近观赏星空，是梦幻般的体验。

傍晚时分的月亮。

摩周湖（日本北海道）

了解了星空的知识后，你一定会爱上夜晚。

★ 2016 年～ 2020 年间的主要天文现象

2016 年

3月9日　日偏食

5月31日　火星接近地球

9月15日　中秋

2017 年

8月8日　日偏食

10月4日　中秋

2018 年

1月31日　月全食

7月28日　月全食

7月31日　火星处于过去15年中最接近
　　　　　地球的位置

9月24日　中秋

2019 年

1月6日　日偏食

9月13日　中秋

7月17日　日偏食

（日本的中国地区*、九州、冲绳一带）

12月26日 日偏食

*日本的中国地区：位于日本本州岛西部。由鸟取
县、岛根县、冈山县、广岛县和山口县五个县组成。

2020 年

6月21日　日偏食

10月1日　中秋

10月6日　火星接近地球

※这里仅列出在日本能看到的日食和月食现象。
※2018年7月28日，在北海道一带，月全食现象
发生前月亮已经落下。

桥杭岩（日本和歌山县）

★ 著名流星雨（每年）

1月4日前后	象限仪座流星雨
4月22日前后	天琴座流星雨
5月6日前后	宝瓶座η流星雨
7月27日前后	宝瓶座δ南支流星雨
8月13日前后	英仙座流星雨
10月21日前后	猎户座流星雨
11月5日前后	金牛座南流星雨
11月12日前后	金牛座北流星雨
11月18日前后	狮子座流星雨
12月14日前后	双子座流星雨

中国观星好去处推荐

西藏自治区　纳木错

青海省　茶卡盐湖

甘肃省　敦煌市

吉林省　长白山

黑龙江省　漠河市

内蒙古自治区　额济纳旗

四川省　色达县

立山 雷鸟泽（日本富山县）

后记

这场星空之旅，您感觉如何呢？

读完这本书后，请抬头看看星空吧。

当了解了这些星星和星座的奥秘之后，
再看到它们时，您或许会有不同的感觉。

夜空和宇宙还有许许多多奥秘，
或许就像天上的星星那么多，
至今还未解开。

希望这本书，
能激发大家对夜空和星星的兴趣。

最后，
感谢浦智史先生率领的日本多摩六都科学馆天文团队主编本书，
感谢日本星景写真协会为本书提供图片，
感谢日本名古屋市科学馆的服部完治先生为本书提出意见和建议，
感谢船桥弘范先生告诉我们新西兰特卡波的相关信息，
也感谢其他为本书撰写提供帮助的相关人士。

参考图书

《星星和星座（小学馆的图鉴 NEO）》日本小学馆

《和星星生活》[日] 藤井旭 日本诚文堂新光社

《大人和孩子都会着迷 宇宙起源的故事》[日] 佐藤胜彦 日本神吉出版社

《星星的神话·传说图鉴》[日] 藤井旭 日本白杨社

《理科年表》日本国家天文台编 日本丸善出版社

《天文年鉴》(2015年版) 日本诚文堂新光社

日本国家天文台官网

日本国家科学博物馆官网

日本多摩六都科学馆

该科学馆中配备的天象仪被吉尼斯世界纪录认定为最先进的天象仪。在用天象仪投影时，馆内工作人员会在一旁进行解说，因此很受参观者欢迎。馆内的实验室中还会举办观察、实验、制作课。

营业时间 9：30—17：00

闭馆日 周一（如果当日为法定节假日则营业，第二天闭馆）、法定节假
日的第二天、新年、定期检测及临时休馆

交通 西武新宿线 从花小金井站下车步行 18 分钟

从田武站乘公交 25 分钟

https://www.tamarokuto.or.jp

※2015年10月信息

★ 日本星景写真协会（ASPJ）

2005 年创立，致力于为专业及非专业的日本星景摄影师提供交流平台。该协会在日本各地举行星景照片展览、为照片集出版提供支持，以在"风景摄影"这一领域中开辟出"星景摄影"这一新的细分领域为目的开展工作。此外，也举办总会、交流会、地方摄影会等，为协会成员提供相互切磋交流的机会。

※ 书中介绍的部分内容存在多种观点和说法。

※ 为了使插图和文字更简洁易懂，部分内容有省略。

Photographers List

摄影师名单（以下均为日籍摄影师或日本摄影机构）

封面	古胜数彦	p38	松本 笃
p1	川内直也	p40	岛村直幸
p2	鸟羽圣朋	p41	上：谷 明洋　下：古胜数彦
p4	奥田大树	p42	田渊典子
p6	船桥弘范	p44	田渊典子
p8	上下：船桥弘范	p45	古胜数彦
p9	上：前田德彦	p46	服部完治
	下：Doug Pearson/JAI	p48	堀田 东
	Corbis/ amanaimages	p49	上：内山 织
p10	古胜数彦		下：Stocktrek/Corbis/ amanaimages
p12	佐藤雅子	p50	菊地秀树
p13	左：田渊典子　右：船桥弘范	p52	Chaeles O'Rear/Corbis/ amanaimages
p14	古胜数彦	p53	上：菊地秀树　下左右：铃木祐二郎
p16	田渊典子	p54	田渊典子
p17	上：鸟羽圣朋	p56	菊地秀树
	下：Corbis/ amanaimages	p57	栗林由美子
p18	堀田 东	p61	上：内山 织
p20	上：佐藤雅子　下：堀田 东		下：UPI/amanaimages
p21	西田伸也	p62	田渊典子
p22	佐藤雅子	p64	岛村直幸
p24	上：川内直也　下：堀田 东	p66	上：ZUMA Press/amanaimages
p25	堀田 东		下：鸟羽圣朋
p26	堀田 东	p67	铃木祐二郎
p28	堀田 东	p68	菊地秀树
p30	前田德彦	p70	奥田大树
p32	杉 大介	p71	上：丰田纪子　下：前田德彦
p33	上：棚濑谦一　下：前田德彦	p72	前田德彦
p34	棚濑谦一	p74	岛村直幸
p36	田渊典子	p75	上：渡部 刚　下：安田幸弘
p37	上：岛村直幸　下：佐藤晃彦	p76	渡部 刚

p78　岛村直幸

p79　上：关口俊夫　下：鸟羽圣朋

p80　鸟羽圣朋

p82　前田德彦

p83　上：内山 织　下：竹下育男

p84　金子修子

p86　鸟羽圣朋

p87　鸟羽圣朋

p88　铃木祐二郎

p89　铃木祐二郎

p91　上：栗林由美子　下：丰田纪子

p92　佐藤晃彦

p94　服部完治

p95　上：松本 笃　下：平山健太

P96　前田德彦

P98　安田幸弘

P99　左：宫川 正　右：平山健太

p100　杉 大介

p102　竹之内贵裕

p104　上：Corbis/amanaimages
　　　下：宫川 正

p105　上：竹之内贵裕　下：古胜数彦

p106　竹下育男

p108　铃木祐二郎

p109　上：竹之内贵裕　下：山本春代

p110　奥田大树

p112　上：久保田俊雄　左下：池田晶子
　　　右下：多摩六都科学馆

p113　上：古胜数彦　下：池田晶子

p114　川原龙昭

p116　安田幸弘

p117　上：川原龙昭　下：古胜数彦

p118　田渊典子

p120　铃木祐二郎

p122　棚濑谦一

p123　上：内山 织　下：西田伸也

p124　竹之内贵裕

p126　Mary Evans Pictures Library/
　　　amanaimages

p127　中岛大希

p128　鸟羽圣朋

p131　鸟羽圣朋

p132　松本 笃

p134　鸟羽圣朋

p135　上下：松本 笃

p136　前田德彦

p139　上：前田德彦
　　　下：棚濑谦一

p140　菊地秀树

p142　山本胜也

p143　上：菊地秀树　下：前田德彦

p144　渡部 刚

p147　上：渡部 刚　下：大塚典子

p148　久保田俊雄

p150　菊地秀树

p152　杉 大介

p154　宫川 正

p156　田渊典子

p160　杉 大介

图书在版编目（CIP）数据

星空教室 / 日本多摩六都科学馆监修；李家祺译
. —— 海口：南海出版公司, 2020.9
ISBN 978-7-5442-9815-5

Ⅰ.①星… Ⅱ.①日…②李… Ⅲ.①天文学—普及
读物 Ⅳ.①P1-49

中国版本图书馆CIP数据核字(2020)第087577号

著作权合同登记号　图字：30-2019-159
TITLE：［世界でいちばん素敵な夜空の教室］
BY：［多摩六都科学館］
Copyright © Sansaibooks
Original Japanese language edition published by SANSAIBOOKS CO., LTD.
All rights reserved. No part of this book may be reproduced in any form without the
written permission of the publisher.
Chinese translation rights arranged with SANSAIBOOKS CO., LTD., Tokyo through
NIPPAN IPS Co., Ltd.

本书由日本三才 books 授权北京书中缘图书有限公司出品并由南海出版公司在中
国范围内独家出版本书中文简体字版本。

XINGKONG JIAOSHI
星空教室

策划制作：北京书锦缘咨询有限公司（www.booklink.com.cn）
总 策 划：陈 庆
策　划：姚 兰

监　　修：日本多摩六都科学馆
译　　者：李家祺
责任编辑：李凤君
排版设计：王 青
出版发行：南海出版公司 电话：（0898）66568511（出版）　（0898）65350227（发行）
社　　址：海南省海口市海秀中路51号星华大厦五楼 邮编：570206
电子信箱：nhpublishing@163.com
经　　销：新华书店
印　　刷：北京瑞禾彩色印刷有限公司
开　　本：889毫米×1194毫米　1/32
印　　张：5
字　　数：140千
版　　次：2020年9月第1版　　2020年9月第1次印刷
书　　号：ISBN 978-7-5442-9815-5
定　　价：45.00元

南海版图书　版权所有　盗版必究

渥美半岛（日本爱知县）